U0212717

TASHIJIE
XILIECONGSHU

它世界
系列丛书

DONGWU KEPU GUSHI

动物科普故事

FEICHANG JIN JULI

非常近距离

主编★宁　峰

未来出版社

图书在版编目（CIP）数据

非常近距离 / 宁峰主编 . -- 西安 : 未来出版社，
2015.6 （2018.7 重印）
（它世界系列丛书）
ISBN 978-7-5417-5675-7

Ⅰ . ①非… Ⅱ . ①宁… Ⅲ . ①哺乳动物纲－少儿读物
Ⅳ . ① Q959.8-49

中国版本图书馆 CIP 数据核字（2015）第 124110 号

FEICHANG JIN JULI

它世界系列丛书　**非常近距离**　宁峰　主编

出 品 人	李桂珍
总 编 辑	陆三强
选题策划	曾　敏
责任编辑	朱海鹰
设计制作	杨亚强
技术监制	宋宏伟
营销发行	樊　川　何华岐
出版发行	未来出版社（西安市丰庆路 91 号）
印　　刷	陕西金德佳印务有限公司
开　　本	787mm × 1092mm　1/16
印　　张	4.5
版　　次	2015 年 8 月第 1 版
印　　次	2018 年 7 月第 3 次印刷
书　　号	ISBN978-7-5417-5675-7
定　　价	18.00 元

序 言
XUYAN

地球——作为目前唯一可确知存有生命的星球，是人类和动植物们共同的家园。从进化的历史看，各类动物都比人类出现得早，人类只是动物进化的最高阶段，没有动物就不可能有我们人类。当古代类人猿进化为人类后，人类维持生计所需要的一切，更是直接或间接地与动植物有关。正是种植的谷物，圈养的家禽、家畜，看家护院、协助捕猎的猎犬，给人类带来了温馨与安宁的生活。

人类早期朴素的情感和认知，谦逊地承认了动物对自己的价值与意义，并且以形形色色的图腾崇拜予以再现，最早的象形文字很多都来源于动物或植物的形象。不过，随着人类认识与实践能力的日益增强，特别是近代以来，伴随着人类社会工业化进程和现代科技的发展，人类开始习惯于居高临下地审世度物，开始自视为"地球的主宰"。动植物纷纷被人类的标准分成各种类别：有害无害、有用无用、可爱或是凶恶等等。森林不断被砍伐，草原在退化，荒漠化面积增加，池沼逐渐干涸，江河被污染，垃圾肆虐，道路不断延伸与扩大，人类活动无处不在，动植物自身也作为一种资源，被人类不断地索取、破坏，地球正在经历着第六次物种大灭绝！

当人类世界变得越来越大，其他世界却开始变得越来越小！周围的人越来越多，但我们却越来越感到孤独！当地球上仅剩下我们人类时，我们生存的环境一定比现在要糟糕许多。该丛书通过超近距离的精彩照片、专业科学的知识解读，让读者了解动植物的世界，享受它们带给我们的快乐，关注它们生存的现状，思考我们怎么保护它们，如何与之和谐相处，并通过坚持不懈的努力实践，与它们共同维护美丽地球的自然生态圈。

宁 峰

2015 年 1 月

目 录
MULU

非常近距离

在完全没有人类干扰的状态下，抓拍到秦岭深山里的野生动物图片，您一定很少看见过。这里为您呈现陕西长青国家级自然保护区利用自动相机，拍摄到的33841张野生动物照片中最精彩的瞬间。"非常近距离"的拍摄，最真实的抓拍到多种野生动物难得一见的画面。

使用自动相机的历史

使用自动相机进行监测的想法和实践可以追溯到20世纪初。1906年，美国国家地理杂志刊登了野生动物摄影先驱 George Shiras 拍摄的夜间照片，他所用的相机是用一条绳索绊发的。但直到20世纪80年代中期，随着技术的进步，出现了小巧的商业化袖珍防水相机，这一方法才开始广泛地应用于野生动物种群监测、动物多样性调查、种群密度评估等保护工作。

最早应用收获最多的保护区

长青国家级自然保护区位于汉中市洋县境内的秦岭，是在一个森工采育企业转产的基础上建立的，1994年经陕西省人民政府批准建立的以保护大熊猫及其栖息地为主的"森林和野生动物类型自然保护区"，1995年经国务院批准晋升为国家级自然保护区，辖区内绝大部分地区都经过采伐或营林。长青国家级自然保护区作为全省最早应用自动照相机检测和迄今为止省内收获图片最多的保护区，截至2012年底，获得照片33841张，经鉴别共记录到大中型兽类18种、小型兽类3种，大中型雉类4种，其他鸟类12种，在研究期发现保护区内新分布鸟类1种——鹰雕，也是陕西省首次野外记录到该物种。

精彩瞬间

斑羚：斑羚广泛地分布于中国和亚洲东部、南部等地，属于高山动物，常置身于孤峰悬崖之上。善于跳跃和攀登，在悬崖绝壁和深山幽谷之间奔走如履平川，也能纵身跳下10米余深的深涧而安然无恙。但是，斑羚虽有肌肉发达的4条长腿，极善跳跃，但也有极限。在水平方向，一般健壮的雄兽最多能跳出5米多远，而雌兽、幼仔和老年个体只能跳出4米左右。单独或成小群生活，以各种青草和灌木的嫩枝叶、果实以及苔藓等为食。国家二级保护动物。

羚牛：分为 4 个亚种，分别是高黎贡亚种、不丹亚种，四川亚种和秦岭亚种。其中四川亚种和秦岭亚种是中国的特有亚种。秦岭亚种是四个亚种中最漂亮的亚种。其体型介于牛和羊之间，但牙齿、角、蹄子等更接近羊，可以说是超大型的"野羊"。羚牛生活在海拔 2000～4500 米的竹林中，其在中国的分布地区与大熊猫相似，是国家一级保护动物。它主要以草、树叶及花蕾为食，一般在白天活动，群居。随着年龄的增长，它的体毛会越来越变得金黄，所以又称金毛扭角羚。它生性憨厚，不设防，很容易被人类捕杀或掉入人们诱捕它们的陷阱。

豹：豹子是猫科豹属的一种动物，在四种大型猫科动物中体形最小。豹的颜色鲜艳，有许多斑点和金黄色的毛皮，故又名金钱豹或花豹。每一只豹子的斑点都有它自己独特的图案。独居，肉食性，国家一级保护动物。

一只蹲守的豹

大熊猫（秦岭亚种）：陕西的秦岭亚种与四川亚种，最大的不同就是头更圆，嘴巴更短，显得更加可爱！独居，食物99%为竹子，国家一级保护动物。

豪猪：又称箭猪，是一类长有尖刺的啮齿目动物，它的尖刺可以用来防御掠食者。豪猪有褐色、灰色及白色。不同豪猪物种的刺有不同的形状，不过所有都是改变了的毛发，表面上有一层角质素，嵌入在皮肤的肌肉组织。豪猪的刺锐利，很易脱落，会刺入攻击者身体中。它们的刺有倒钩，可以挂在皮肤上，很难除去。它们晚间出来找食，喜食花生、番薯等农作物。群居，陕西省一般保护动物。

花面狸：也叫果子狸，属灵猫科，独居，生活在山林中，吃果实、谷物、小鸟等，属杂食性动物。2003年5月11日，深港科研人员从果子狸标本中分离到SARS样病毒，最终科研结果证实，威胁人类健康的SARS病毒来自野生动物。当年，陕西所有人工饲养的果子狸全被放归野外。陕西省一般保护动物。

　　红腹角雉：属于鸡形目雉科。雄鸟的羽色非常艳丽，在头顶上长着乌黑发亮的羽冠，羽冠的两侧长着一对钴蓝色的肉质角，精巧而美丽，这就是"角雉"名称的由来。每当求偶炫耀时，两个角就膨胀起来，高高耸立，肉裙也充血膨胀，突然展开，飘洒在胸前，几乎可以垂到地面，就好像系了一条漂亮的彩裙，而且一会儿缩回，一会儿展开，更像是一朵不断开合的鲜花，令人眼花缭乱。同时微微张开双翅，尾羽也如同扇子一样展开，交替踏着舞步缓缓移动，以博得雌鸟的欢心。它主要以乔木、灌木、竹以及草本植物和蕨类植物的嫩叶、幼芽、嫩枝、花絮、果实和种子为食。国家二级保护动物。

川金丝猴：我国金丝猴目前有五个种类，分别是滇金丝猴、黔金丝猴、川金丝猴、越南金丝猴和2012年新近发现的"怒江金丝猴"（暂定名）。其中只有川金丝猴全身是金黄毛色，是真正意义上的"金丝猴"，其余四种毛色都不是金黄色。其实之所以将它们都归为金丝猴，是因为因其鼻孔极度退化，即俗称"没鼻梁子"，鼻孔仰面朝天，都是仰鼻猴。它们以野果、嫩芽、竹笋、苔藓植物为食。群居，国家二级保护动物。

林麝：又叫南麝、森林麝，体长为70～80厘米。交配季节雌雄合群，雄性间发生激烈的争偶殴斗，雄麝所产麝香是名贵的中药材和高级香料。夜行性，多在黄昏和夜间活动觅食。它性情怯懦孤独，食物多以灌木嫩枝叶为主，国家一级保护动物。

黄喉貂：因前胸部具有明显的黄橙色喉斑而得名。由于它喜欢吃蜂蜜，因而又有蜜狗之称。喜晨昏活动，但白天也经常出现。这种食肉动物的性情凶狠，常单独或数只集群捕猎较大的草食动物。其行动快速敏捷，尤其是在追赶猎物时，更加迅猛，在跑动中还能进行大距离的跳跃，它还具有很高的爬树本领。它们还可合群捕杀大型兽类，如小鹿、林麝、斑羚，甚至小野猪。除动物性食物外，也采食一些野果、浆果。陕西省二级保护动物。

一只屁股对着镜头的黄喉貂

金猫：也叫亚洲金猫，过去曾被归入猫属，现在的分类学一般把它归入金猫属。金猫是一种中等体型的猫科动物，体长90厘米，尾长50厘米，体重在12～16千克之间。善于爬树，听觉很好，是猫类中外耳活动最为灵活的一种，可以收听到来自四面八方的微小声音，仿佛是"活雷达"，它性情凶野、勇猛，故有"黄虎"之称。它仅以肉类为食，主要捕食鼠、兔、鸟和小鹿，也盗吃家禽，有时还袭击羊和牛犊等。独居，国家二级保护动物。

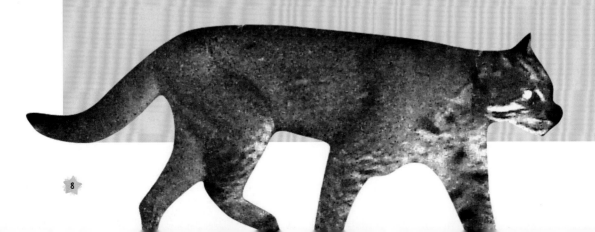

野猪：广为分布于世界各地，是杂食性的动物，只要能吃的东西都吃。现今人类肉品食物主要来源之一的家猪，也是于8000年前由野猪驯化而成的。一般早晨和黄昏时分活动觅食，中午时分进入密林中躲避阳光，大多集群活动，喜欢在泥水中洗浴。雄兽还要花好多时间在树桩、岩石和坚硬的河岸上，摩擦它的身体两侧，这样就把皮肤磨成了坚硬的保护层，可以避免在发情期的搏斗中受到重伤，野猪是"一夫多妻"制。陕西省一般保护动物。

鹰雕：全世界共分化为5个亚种，中国分布有4个亚种，其中指名亚种见于西南地区，东方亚种见于东北地区，福建亚种见于东南和华南地区，海南亚种仅见于海南岛。大多数为留鸟，少数在繁殖期后到处游荡，但都极为罕见，有些甚至只有早期的记录，在陕西还是首次被记录。肉食性，国家二级保护动物。

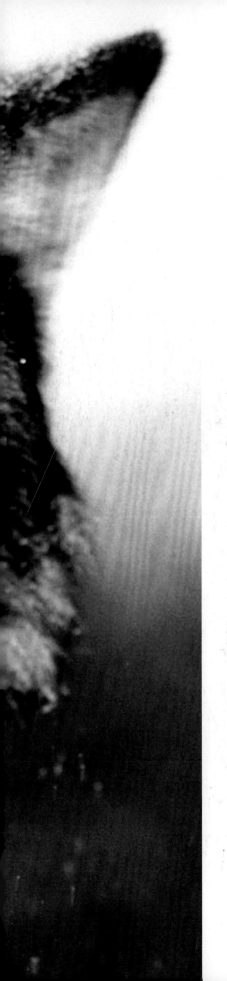

恶狼已成传说

当人类世界变得越来越大，其他世界开始变得越来越小！周围的人越来越多，但却越来越感到孤独。人类自私的掠夺，导致森林、淡水资源的减少，极端气候频发，这些都预示着一种平衡开始慢慢被打破。众多动植物的消失，正被我们忽视，但它们的世界在我们身边无处不在，也无时无刻不在影响着我们的生活，我们应该感到有所亏欠。在这里，我们希望通过精彩的照片和科学的解读，让您了解狼的世界，关注它们生存的现状，思考我们能为它们做些什么？同时，您也可以将您与动植物的故事告诉身边的人，一起走进它们奇妙的世界。

"凶残、团结、合作、耐力、执着、拼搏、忠诚"这一系列的词汇，都代表了狼的性格！作为常以"西北狼"为图腾的陕西，现在到底还有没有野生狼？面对频发的"狼来了！"新闻事件，是真是假？通过调查，专家证实陕西省野生狼已功能性灭绝，而这一切全都是因人类所导致的。

西北狼建国前郊区就能见到

　　狼在中国分布于除台湾岛、海南岛及其他一些岛屿外的各个地区，而西北狼是中国狼的一种，因分布于中国西北而得名。其性情凶猛团结、顽强拼搏、稳健机智、锲而不舍，为大西北的象征，陕西人常以"西北狼"自居。在建国前遍布于西北各地，六七十年代，陕北、秦岭、大巴山浅山区、滩地，甚至城市郊区的野地里，还都能目击到野生狼。西北狼外形凶猛高大，属于中国狼体型较大的一种，狼群适合长途迁行捕猎，其强大的背部和腿部，能有效地长时间奔跑，因喜欢夜间出没，所以也叫夜月狼。

六七十年代遭到大量捕杀

但由于"害兽"之说、"皮毛收购"等原因，西北狼在六七十年代被人类持续大量捕杀。另外，给狼群提供隐蔽和巢穴的浅山区森林及山坡，都被人为砍伐和破坏，也是导致西北狼消失的另一原因。还有一小部分，受家犬感染狂犬病，细小病毒和犬瘟热等流行病而死亡。目前，西北狼仅分布于天山、昆仑山、青海湖、贺兰山、内蒙古等地。现存于陕西省动物研究所标本室里的最后一张收购的野生狼皮，来自1973年的延安。

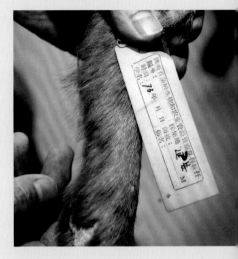

中国狼分布现状

狼在世界范围内有20多个亚种，中国狼一直被认为只有一个亚种，但明确指出：南方狼的毛皮与北方的，特别是与西北干旱地区的无论在毛绒厚薄、色泽深浅方面均有较明显的差别。中国曾是狼种群数量最大的国家之一，但是对狼的种群数量从未进行过系统调查，没有准确的数字。近来对内蒙古呼伦贝尔草原狼的种群调查表明，狼的数量不超过2000只。目前，在西北、内蒙古、东北地区还有野生狼。但因生存环境的破坏和人为的捕杀，使得狼的分布区域不断缩小，现在只分布于北纬30度以北地区，并呈块状分布，在江浙地区已基本灭绝。目前国内尚无专为保护狼而建立的保护区。

陕西狼功能性灭绝

据陕西省动物研究所原所长、全国兽类专家吴家炎研究员介绍，从八十年代以后，陕西省便再也没有目击野生狼的记录。按国际惯例，确定一个物种在该地区灭绝有两个标准：一是确定该物种最后一个个体死亡；二是在该物种的生命周期内（比如狼为 12 ~ 16 年），没有确认见到过该物种。所以，现在已 30 年过去了，尽管近两年，省内时常有发现野生狼出没的新闻，但最终都证实是狗或人工饲养的狼崽，可以说在陕西省，野生狼已经"功能性灭绝"，所谓"功能性灭绝"是从物种种群功能层面，对物种生存状况所下的一个定义。

相对于基于数量概念的物种"灭绝"定义，这个定义的判断标准更容易掌握，对物种生存状况的判断也更为客观。现在中国处于功能性灭绝的物种非常多，如华南虎、白鳍豚等。

狼的性格

团队精神：狼是社会性猎手，狼群合作伏击的战术是围猎被捕食者，增加捕食的成功率。足智多谋：狼是极其有智慧的动物，总会制定适宜的战略，捕猎和繁育。

善于交流：它们的交流方式是相当多元的，靠吼叫、唇、眼、面部表情以及尾巴位置、气味来传递信息。忠诚爱心：狼是一夫一妻制，母狼产仔的时候，公狼每天都要出去猎食，回来后把食物吐出来分给自己的妻子和孩子吃，每一只成年狼都能够尽心竭力哺育小狼。

中国狼文化

狼在中华民族的主流传统文化中是一种"恶"的形象。从字形结构分析，狼似犬，"良"原本表示一缕光线从洞孔中穿射而入。

"狼"字用"良"做组字构件，是因为狼通常在夜晚活动，古人可谓观察细致，构思巧妙。而以"狼"构成的词语大多带贬义。但古代中国的匈奴、突厥、蒙古三大少数民族，都以狼作为图腾，来显示民族勇猛、强悍的精神。《聊斋志异》中的《梦狼》，蒲松龄把封建官吏漫画为虎、狼，把官吏贪婪、昏庸无耻的面目暴露无遗。《狼来了》的故事，曾使无数个幼小的心灵里，无端地勾画出狼的"凶狠、狡诈"形象，深深地印在记忆里，以至形成了定势。

你了解它吗

很多人见过刺猬，甚至养过它，但你真正对它有多了解呢？

在陕西省，如果说找一个物种能代表全国，那只有一种——刺猬。之前全国发现了 4 种刺猬，在陕西都有分布，近日又发现的第五种——小齿林猬，属于陕西省特有种，而它的发现非常传奇。

200 多年前的猜想

美国博物馆出版的《中亚哺乳动物调查记》记载，早在 1908 年，一个名叫托马斯的英国人带着一支科学探险队，从山西省进入到陕西榆林地区，在沙漠边沿地带抓到两只当地刺猬，因为此前在欧洲及亚洲其他地区，已采集了很多种刺猬标本，他发现在榆林分布的这种刺猬外貌与其他的都不同。托马斯当时大胆地猜测：它可能属于一个新的刺猬种，只是他的猜测并没有被完全证实。

此后的 200 多年里，这种刺猬一直被动物分类学家认定为林猬。

老专家为其验明真身

因为有了上述一段记载，这成了陕西省动物研究所原所长吴家炎的一块心病，他一直想要证实，分布在榆林的这种刺猬的真正"身份"，无奈一直没能抽出时间来。

一年前，退休在家的吴老开始搜集资料。后来，他只身前往榆林实地展开调查和搜寻工作。

找来找去，当他来到榆林市神木县小壕兔村时，终于听

到有人说当地的确有刺猬存在。吴家炎讲，当地地貌属于沙漠边缘地区，当时气温已在 10 摄氏度以下。在村主任的帮助下，发动了全村人在刺猬活动频繁的傍晚，开始四处寻找采集标本。等到第四天，终于有了结果，有村民刚好抓获了一雄一雌两只刺猬。从外貌看的确与林猬很相似，但掰开其嘴巴，牙齿明显比林猬要小。激动不已的吴老，连夜将这两只刺猬送回西安，进行染色体检测。

此前我国仅分布 4 种刺猬

1758 年，刺猬最早被欧洲人发现并命名。动物分类上都属于猬科，目前广泛分布在欧亚大陆上。而我国此前共有 4 种刺猬分布，分别是东北刺猬（也叫普通刺猬）、大耳猬、达乌尔猬、林猬。其中东北刺猬分布在全国大部分地区，在陕

林猬

东北刺猬

大耳猬

达乌尔猬

西省关中、陕南也较为常见。而大耳猬分布在西北地区，在陕西省定边有分布。达乌尔猬则分布在榆林与内蒙古交界的区域。最后一种林猬则广泛分布在秦岭、大巴山中。这四种刺猬，东北刺猬体型最大，大耳猬因耳朵是东北刺猬的两倍，也很好被认出。达乌尔猬体型最小，身上的刺多是纯白色。而林猬体型中等，身上无纯白色的刺，而且刺比其他3种长度更短。但这四种刺猬也有一个共同点，就是它们的染色体都是2n=48。

染色体差异确定新物种

送检的两只刺猬的染色体结果出来了，在看过结果后，吴老开心得像个孩子，200多年前英国人的猜想也得到了证实。因为两只刺猬的染色体都显示为2n=44，与其他4种都不一样。确定了这一刺猬新种，而且因为目前还没有在其他省份发现，也成为陕西特有种。通过进一步的比对发现，新发现的刺猬种，外貌虽然与林猬相似，但牙齿要小于林猬，尤其是第三上前白齿小于第二上白齿，成为它与林猬身体结构上最大的区别。也因为这一特征，多位专家给其取名——小齿林猬。

知识小天地

刺猬别名刺团、猬鼠、偷瓜獾、毛刺等，栖山地森林、草原、农田、灌丛、荒漠等地，昼伏夜出，属于杂食动物，以昆虫和蠕虫为主要食物，兼食植物，一晚上能吃掉200克的虫子。刺猬的触觉与嗅觉很发达，它最喜爱的食物是蚂蚁与白蚁，当它嗅到地下的食物时，它会用爪挖出洞口，然后将它的长而粘的舌头伸进洞内一转，即获得丰盛的一餐。因其捕食大量有害昆虫，故刺猬对人类来说是益兽。遇敌害时能将身体蜷曲成球状，将刺朝外，保护自己。刺猬是异温动物，因为它们不能稳定地调节自己的体温使其保持在同一水平，因此刺猬在冬天时有冬眠现象。刺猬年产仔1～2胎，每胎3～6仔。一般寿命4～7年。

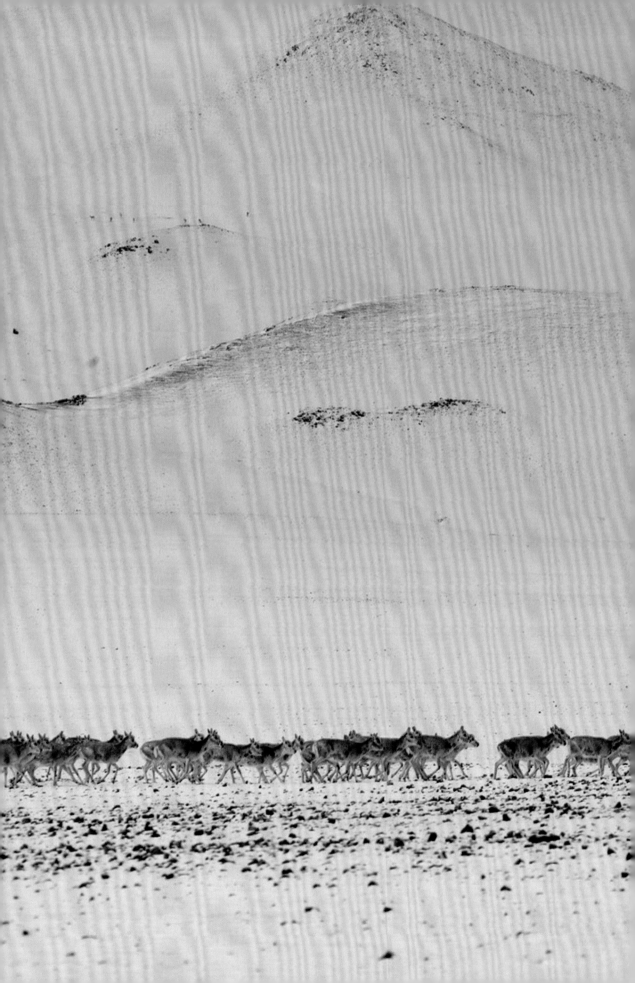

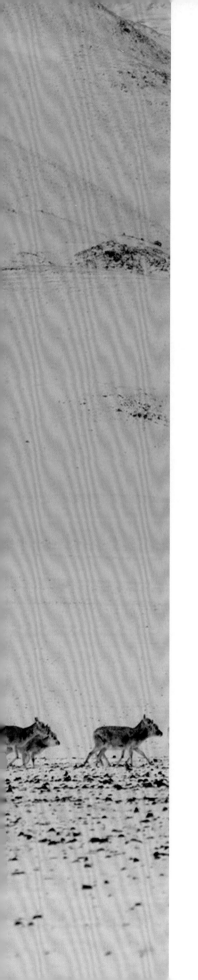

追寻藏羚羊

青藏高原的旗舰物种

藏羚羊又称藏羚、长角羊，是青藏高原特有的珍稀哺乳动物。属偶蹄目、牛科、羚羊亚科。主要分布于青海、新疆、西藏等地，尤其集中在青海境内的可可西里、三江源，西藏的阿里、那曲地区及新疆的阿尔金山一带。藏羚羊为国家一级保护动物，并列入 CITES（濒危野生动植物种国际贸易公约）。

它们善于奔跑，时速可达 80 千米左右。以群居方式生活，平时公母分群活动，交配季节公母合群。藏羚羊怯懦而机警，听觉和视觉都很灵敏。一般体长 140 厘米左右，肩高 85 厘米左右，体重约 30～40 千克。成年雄性藏羚羊一对笔直而角尖微内弯的特角，是它们的典型标志。雌性藏羚羊则不长角。

藏羚羊栖息地在海拔 3200～5500 米，常活动于高寒草甸、高寒草原、高寒草原荒漠、高寒荒漠等环境中。当它漫步在荒漠草原，高耸的双角从侧面看去两角重叠，仿佛一只角，自古便有了西地奇珍"独角兽"之称，称它是青藏高原的吉祥之物。

独特的高原生态环境，使藏羚羊在漫长的进化过程中具有最优秀的基因，被公认为青藏高原动物区系的典型代表和自然生态系统的重要指示物种，在科学研究、生态平衡乃至人文和美学等方面都具有难以估量的价值。

为它们专设安全通道

据了解，青藏铁路仅环保投入就达20多亿元，占工程总投资的8%，是目前我国政府环保投入最多的铁路建设项目。通过科学考察和论证，研究团队在青藏铁路共设置野生动物通道33处，其中唐古拉山以北25处、唐古拉山以南8处。

通道形式有桥梁下方、隧道上方、缓坡平交3种形式。其中桥梁上方通道13处，缓坡平交通道7处，桥梁缓坡复合通道10处，桥梁隧道复合通道3处。对高山山地动物群，主要采取隧道上方通过的通道形式；对于高寒草原草甸动物群，主要采取从桥梁下方和路基缓坡通过的通道形式。

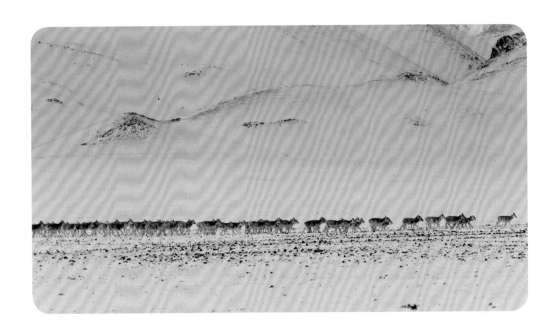

令人不解的迁徙行为

通过多年的观察发现，藏羚羊种群保留了古老原始的生活习性，这一固执的习性，使它们一年又一年、周而复始往返于栖息地与繁殖地之间，形成了长途跋涉、艰辛万分的迁徙行为，它们是世界上三大有蹄类迁徙动物（角马、驯鹿、藏羚羊）之一。每年到了五六月份，怀孕的母藏羚羊会陆续跋涉数百公里甚至上千公里，到产仔地去产仔。然后到了七八月份，它们再带着幼仔返回栖息地，一路上，它们要面临气候、食物、天敌、疾病等多重考验。

藏羚羊为什么要进行迁徙产仔？至今，这种古老而原始的迁徙现象在国内外动物学研究学者中仍是不解之谜，学界对此有多种不同的说法。

气候说：对于生活在可可西里东南部的母藏羚羊来说，把产仔地选在太阳湖、库赛湖、卓乃湖等地，是因为这些地方海拔相对较低，气候环境相对较好。因此，母藏羚羊为了更好地繁育下一代而开始了长距离的迁徙。只不过，卓乃湖等地六七月份环境气候比栖息地环境气候未见明显优越。

食物说：曾有人认为，卓乃湖等地水草丰美，丰富的食物有利于藏羚羊的生产和生长。而经过实地调查我们发现，在卓乃湖等湖泊沿岸，植被并非明显优越，尤其是外围大部分地区植物稀少，食物资源并不充足。

天敌说：有人认为，在产仔地，藏羚羊的天敌数量不是很多，有利于种群的繁衍。可我们在之后的研究中发现，狼、棕熊以及猛禽类等藏羚羊的天敌，会一直尾随在迁徙的羊群后面，伺机捕杀刚出生的小羊。因此，繁殖地也并不安全。

基因说：适者生存，通过迁徙自然淘汰了一些老弱病残者，存活下来的优胜者继续背负着繁衍后代、传递基因的使命。而且，藏羚羊集中产仔后，也有可能转去了其他的种群，这样有利于基因之间的交流，增加物种的遗传多样性，从而有助于种群的延续。但是，现在的各种群间是否相互在产仔地交流，还没有定论。

幼仔第二天就会跑

藏羚羊中只有雌性迁徙，成年的雌性每年都会返回自己出生的地方产仔，而这些产仔地也相对比较固定。

目前已知最大的产仔地，是在西藏羌塘甜水河附近发现的，这里每年六七月都会聚集数万只待产藏羚羊，场面虽然杂乱和吵闹，时不时还有天敌的光顾，但是，通过多年的观察，却没有发现一次藏羚羊之间的争斗，它们内部邻里关系融洽，非常和谐，这也令在场的所有人吃惊和不解。幼仔出生后半个小时就能站立，两个小时后开始吃奶，而到了第二天的时候，它的奔跑速度就已和妈妈差不多快了——因为善跑，也是它们躲避天敌的唯一方法，速度的快慢决定着生与死。

佩戴有卫星定位项圈的藏羚羊

利用卫星跟踪种群

为解开藏羚羊迁徙之谜，探究此种迁徙现象的内在机制，在国家林业局野生动植物保护司、陕西省科学院等单位资助下，利用现代卫星定位系统的研究手段，首次将卫星定位技术应用于藏羚羊迁徙规律研究。

2007年到2010年，先后为青海三江源藏羚羊种群佩戴了10只国外卫星定位项圈，目前监测结果已基本完成，该地区清晰的迁徙路线图，将不久对外发布。此外在2013年，又为西藏羌塘藏羚羊种群佩戴了我国自行研制的北斗卫星跟踪定位项圈15只，为藏羚羊的迁徙研究再次奠定了基础，为今后藏羚羊的保护与管理提供更加全面的科学依据。

"沙图什"给它们带来厄运

诞生于克什米尔的稀有奢华披肩"沙图什"（编者注：沙图什的发音来自于波斯语，意为"羊绒之王"，通常来说是指所有由藏羚羊绒加工的产品，但主要是指一种用藏羚羊绒毛织成的披肩。由于原料来源的原因，沙图什产品非常昂贵，一条沙图什披肩的价格可卖几千美元以上），被西方社会某些人视为财富和地位的象征，深受贵族和富人们青睐，巨额的暴利驱使盗猎者大量捕杀藏羚羊。

根据统计，到20世纪90年代初期，青藏高原的藏羚羊总数已由百万余只锐减到不足十万只。盗猎者猎杀藏羚羊的惨烈场面，在陆川执导的电影《可可西里》里面就有真实的表现，令很多人为它们的命运感到忧心。

后来，经过加大保护力度，藏羚羊的种群数量才逐渐开始恢复，但目前仍然面临着生存环境变化、人类社会发展、盗猎等巨大压力，物种整体抗逆境能力仍然十分脆弱，藏羚羊的保护工作任重而道远。

猩猩母子的一天

作为人类的近亲，黑猩猩是现存与人类血缘最近的高级灵长类动物，也是当今除人类之外智商最高的动物。在西安，有两只生活在秦岭脚下的母子猩猩——艾艾和多多。它们是游客们喜爱的明星动物，这对母子的故事更是让许多人为之动容。

曾经的戒烟猩猩，今天的高龄妈妈

今年 37 岁的艾艾和不满 6 岁的多多的家就在西安秦岭野生动物园的灵长馆里。从 2008 年起，这对猩猩母子一同生活从来没有分开过。

每天清晨天刚刚亮，动物园里一片寂静的时候，猩猩妈艾艾已经起床了。看到多多还在熟睡，便独自来到水管前喝水，还不忘用湿乎乎的手掌抹一把脸。

灵长馆的饲养员照顾艾艾近十年时间，介绍说，猩猩的平均寿命一般为 50 岁左右，今年 37 岁的艾艾已经是高龄黑猩猩，它的实际年龄差不多等同于一位年过六旬的老人。在猩猩界，艾艾的故事就是一个传奇。它 2 岁时和老公一同从日本漂洋过海来到西安，几乎再也没离开过这座城市。

上午 8 点，多多醒来，和妈妈一样，它起床的第一件事也是喝水。母子俩起床后活动活动筋骨，绕着笼舍转了几圈后等待饲养员的到来。

饲养员介绍说，艾艾曾经有两个老公，先后都因病去世。此前它生过两个孩子，但是一个远嫁沈阳，一个不幸早亡。多多其实是艾艾的第三个孩子。一只母猩猩每隔 6～8 年才能成功抚养一只小猩猩，生多多前艾艾已经十多年不曾生育，因此这个儿子凝结了艾艾无尽的期望。

早上 9 点，饲养员上班后准备清理笼舍，肚子早就咕咕叫的艾艾和多多立刻冲到笼舍大门向外张望。

饲养员说，别看现在的艾艾慈眉善目，其实这只孤独寂寞的母猩猩曾经还沾染过很大的烟瘾。因为失去过亲人，艾艾通过模仿游客学会了抽烟。"抽烟猩猩"的称号虽然让它名噪一时，却也使它的身体变得虚弱。2007 年，在动物园工作人员的帮助下，艾艾完成了强制戒烟后远赴山东，与当地一家动物园的猩猩相亲配对。2008 年 4 月 10 日早 9 点，怀孕 8 个月后艾艾终于在秦岭脚下生下儿子多多。小猩猩的出世彻底让艾艾的生活起了新的变化。

形影不离，是亲人也是伙伴

9点多，坐在打扫干净的笼舍内，母子俩终于等到了自己的早餐。饲养员先是将两瓶牛奶递给笼内的艾艾，然后依次将坚果和水果放进笼舍内。猩猩妈拿到牛奶后立刻会分给儿子一瓶。吃早饭的时候，多多总是边吃边看着妈妈，每一个姿势都模仿着妈妈的样子。

　　饲养员说，多多出生后，艾艾片刻不离地照顾着多多：喂奶、清洁毛发、背着多多转悠、拉着多多学步……

　　喝完牛奶，吃完大约3千克水果后，母子俩立刻有了气力。上午10点，当动物园的第一批游客出现在灵长馆时，母子俩在众人的目光和相机镜头前，开始恣意地攀爬翻滚、追逐打闹。如果有游客对着小猩猩喊叫或是击打玻璃，艾艾会立刻吼叫着冲到玻璃窗前予以还击。

　　饲养员说，艾艾是多多的守护神。小猩猩刚出生的那几天，艾艾总是把孩子小心地藏在身下，不让任何人靠近。谁要是靠近多多，艾艾一个眼神就能将其"秒杀"。中午12点，母子俩会有一个小时的午睡。睡前，它们会将果皮在地上围成一个圈，然后躺在中间。当然，多多会紧挨着妈妈并且将手轻轻地搭在艾艾的肚子上。

两小时的离别见证母子情深

"不管醒着还是睡着，这母子俩永远黏在一起。"饲养员说。

2012年，35岁高龄的艾艾患了严重的肾病，精神恍惚不时呕吐的它，就连每日必喝的牛奶和最爱吃的草莓都不搭理。为了对艾艾进行检查，兽医先将这对母子关进狭窄黑暗的过笼，对艾艾进行了吹管麻醉。随后通过关闭过门的方式将母子俩分离到不同的笼舍内，这是母子俩唯一一次分开。多多离开妈妈后立刻开始焦虑，面对妈妈所在笼舍的方向拼命砸门呼喊，最爱的新鲜水果也无法安抚它失控的情绪。十米外的笼舍内，艾艾因麻醉而昏睡后，工作人员对她进行了输液治疗。两小时后，妈妈逐渐苏醒，当它发现身边没有了多多，便跟跟跄跄地爬到过门处，在听到孩子的呼唤声后，艾艾开始奋力敲打铁门。饲养员说到母子俩的这一次分离，依旧感慨万分。无奈之下，只好将这对母子之间的两道过门拉开。当时只见艾艾和多多都张开双臂呼喊着扑向对方，并在过笼里紧紧相拥……黑猩猩之间的情感表达让饲养员感动地掉下了眼泪。

传递亲情，动物园最温馨的角落

下午2点，天气晴好的日子里，艾艾和多多会一同到户外晒太阳。笼舍大门打开时，艾艾先探出头来在高处张望一番，见没有危险才让身后的多多出来。在户外，多多上蹿下跳十分活跃，可无论它跑到哪儿，艾艾的视线都会紧紧跟随。有时多多不小心惹恼了住在隔壁的猴子和狒狒，会遭遇对方的吼叫和吓唬。这时候，艾艾会立刻冲到多多面前，向对方挥舞着拳头示威。当然，多多不听话的时候艾艾也会对它严肃起来。

    下午3点半，黑猩猩母子的第二餐会准时开饭。这一餐除了坚果和水果外还会增加一些蔬菜和主食。因为早餐都吃了不少，这餐它们会吃一吃，玩一玩，再发发呆，一直等到睡觉。

    "艾艾大病痊愈后身体状况已大不如前。晚餐时它时常会趴在地上陷入沉思，仿佛是在思考着自己和孩子的未来。"说到这个，饲养员有点伤感。"艾艾一天天老去，总有一天会离开这个世界，我都不敢想象母子俩生离死别时的场景。如果艾艾不在了，我们希望能给即将成年的多多找个媳妇，让它尽早过上新的生活。"

    下午6点，当艾艾和多多告别了最后一拨游客，看着太阳渐渐落下去时，它们便准备睡觉了。和午睡不同的是，这一次儿子多多会趴在艾艾的肚皮上，一边吸吮着妈妈干瘪的乳房一边缓缓地闭上眼睛。多多总是最先睡着，待到饲养员下班周围彻底安静下来后，艾艾才沉沉入睡……

知识小天地

    猩猩分为黑猩猩、大猩猩、红猩猩和倭黑猩猩四大类。其中，黑猩猩和人类最为相似，能以半直立的方式行走，多分布在非洲中部，栖息于热带雨林。黑猩猩喜欢集群生活，小群2至20余只，最多可达80只。黑猩猩的食量很大，每天可吃近5千克的蔬果。目前，全球黑猩猩的数量正在逐步减少，为濒临绝种动物。全球仅有10万只左右的黑猩猩，而幼龄黑猩猩的数量更少，只有12000只左右。

宁强矮马：真正的"宝马"

宁强矮马是陕西西南部特有马种，春秋时期传入。宁强原名宁羌，自古以来为兵家必争之地，春秋战国前青海等地的游牧民东迁南下进入宁强，并带来了青海马，经长期的自然和人工选择，形成了宁强马这个品种。

这种马成年马体高多在 106 厘米左右，体小精悍、善走山路，能吃苦耐劳而受到当地人的钟爱。据史料记载，汉代时宁强马就已经很有名了，由于军事、交通运输及农业生产的需要，促进了养马业的发展。如今，随着交通运输条件不断改善，矮马的用武之地少了，它们的数量也越来越少。

宁强矮马主要分布在宁强县曾家河、巨亭、苍社、太阳岭、青木川等乡镇的狭长地带。当地河网密布、山高沟深，地形复杂多样，环境相对封闭，而饲草资源有限，宁强马经长期自然选育，适应了在这种环境生存的要求。

宁强县汉源镇七里坝村的国家级宁强马保种场牧场上，目前存栏42匹，公马和母马分开放养，它们在各自的领地自由地吃着牧草。一匹今年出生的小马驹刚刚断奶，和母亲分开饲养，它时常还隔着栅栏吸吮母亲的乳汁。

1981年至2006年，农业部门先后七次对宁强马进行资源普查，1981年存栏3301匹，1983年多达4724匹，2006年则下降到360匹，如今估计只有百匹左右。当地政府专门建立宁强马保种场，加大对矮马的保护力度，2006年被农业部列入国家级保种名录，成为中国马种群中极为珍稀的品种。

矮马指成年体高在 106 厘米以下的马，其小巧玲珑、天资聪颖、性情温顺而深受人们的喜爱。矮马因数量稀少，所以尤为珍贵，可以说是马中之宝，世界上最著名的矮马是英国的设特兰矮马。中国矮马分布面积广，历史悠久，按产地划分主要有：广西德保矮马、四川安宁果下马、云南马关矮马、陕西宁强矮马。中国西南矮马与设特兰矮马是世界矮马的两大源流。我国矮马在自然状态下保种，没有进行专门的矮化育种，德保马成年体高在 80 至 96 厘米之间，稍高于英国设特兰矮马，具有耐渴耐劳，易调教，繁殖率高，抗病力强等优点。但中国矮马毛色单一，多数为骝毛，少数有栗、青、黑、白和兔褐毛，中国矮马保持了较为原始的基因库，科研价值极高。

身高 103 厘米的宁强矮马

秦岭飞狐——鼯鼠

认识鼯鼠纯属一个偶然。11年前的一日，佛坪保护区野生动物考察队的工作人员穿行在秦岭深山一片古老的森林，不知是谁不经意间撞动了一棵大树，这时奇迹出现了，离地约十多米高的树洞里探出了一个白色的脑袋，它圆圆的脸颊，蓝宝石般的大眼，长长的胡须，绛红色的"披风"，这种扮相让人感觉有些滑稽。初与人相遇，它没有惊恐、没有逃离，清纯的眼神里流露出平和与淡定，多可爱的小家伙，它一下子就迷住了在场所有人。也就这次邂逅，让我们认识了这种美丽而奇特的动物——红白鼯鼠。

红白鼯鼠

常被误解，因为它的世界你不懂

鼯鼠是对这一类动物的统称，当地人又称飞鼠、飞狐、飞虎，古时称寒号鸟，属于哺乳动物纲鼯鼠科，全世界已发现的有43种，我国有17种，秦岭深山分布着4种鼯鼠：红白鼯鼠、复齿鼯鼠、灰头小鼯鼠和小鼯鼠，其中复齿鼯鼠为我国特有的。历史上对鼯鼠有许多误解，荀子《劝学篇》说"鼯鼠五技而穷"，意思是鼯鼠能飞，但飞不过屋；能攀缘，但攀不上树梢；能游泳，但不能渡过山谷；能打洞，但不能掩藏自己身体；能行走，但没有人快。小学课本里还把寒号鸟刻画成生性浅薄、爱慕虚荣，整天卖弄漂亮羽毛与歌喉，不爱劳动的反面典型。故事的出发点是好的，但多与事实不符。鼯鼠虽为鼠辈，但从无偷鸡摸狗习性，它们性情温顺，栖息于高山密林，以树洞或崖洞为屋，以植物果实、种子、嫩枝、嫩叶和昆虫为食，渴饮山泉，与人无扰，过着与世无争的生活。它们在自然界极少鸣叫，栖居的洞穴多是依靠它们锋利的牙齿，啮啃而成，它们能生存到现在，也足以说明它们进化是成功的。

复齿鼯鼠

灰头小鼯鼠

小鼯鼠

秦岭这4种鼯鼠的生存环境大致相当，多为人迹罕至古木参天的大森林，其营巢区域山势陡峭，崖壁林立，位于山坡上部，林下植被稀疏，这样选择是便于迅速滑翔逃避敌害追捕。灰头小鼯鼠数量最多，红白鼯鼠体型则最大。

不尚武力，能在树间滑翔是绝技

生活在秦岭的鼯鼠多在树洞营巢，偶有利用天然岩洞，一片森林往往有多只鼯鼠集中居住，有时甚至可达几十只，但一个树洞只栖居一只成年鼯鼠。当另一只鼯鼠飞临，原住鼯鼠仅在洞口观望，但从不邀请入内，飞临的鼯鼠

发现树洞已有主人，便会知趣离开另寻他处栖身，从不用武力强行侵占。

　　鼯鼠的运动模式有两种。它们先依靠强有力的四肢沿着大树或崖壁用力跃起向上攀缘，当攀爬至一定高度，则迅速展开四肢两侧皮膜滑翔至另一大树，再爬升到一定高度，再滑翔，一次滑翔可达五六十米。将飞临目标大树时，它的身体瞬间调整近于直立状，增加空气阻力，减轻身体与目标大树的撞击，这样也便于四肢抓握大树。

　　鼯鼠的天敌主要有鹰隼和青鼬，白天鼯鼠极少出洞活动，每到夜幕降临它们才出来觅食。白天，当人们或其他动物触动了它们所栖居的大树，它们才会探出头来观望，若发现不是威胁，它们会再次缩回洞里继续做春秋大梦。当它发现来者不怀好意，它会迅速向大树顶部枝梢上攀爬，然后快速滑翔至相邻的大树上。如果树上有洞穴，它会躲进洞穴逃避追逐，如果人们断续敲击它所在的大树，它会再次出洞滑翔出逃。随着秦岭生态日益改善，鼯鼠数量也在增加，近年常发生鼯鼠飞临人类居住区的事儿。

山顶上的约会

　　6月中旬的秦岭，到处是一片生机盎然的景象，满山的绿树红花把秦岭装扮成了一个待嫁的新娘。每年这时，在海拔2400多米，周至、佛坪、宁陕三县交界的天华山自然保护区药子梁上，各种植物长得正盛。此时，也是秦岭优势物种羚牛"孕育爱情"的时节。成年雄性羚牛用浑厚而响亮的吼叫声，划破寂静的山林，唱响它的求爱曲。佛坪与周至的分界处有个山垭口，早年曾是一条陕南通往关中的山区小道，马帮运货经过这里要休整，驮马也要放松，因而得名"马尿尿"。如今，故道已不见踪迹，却成了羚牛活动的区域。

为"爱"争斗

与大多数大型动物一样，雄性羚牛为了得到爱情，都要经过一场殊死搏斗，胜者才能获得与母羚牛交配的机会。被打败的羚牛便独自游荡，以寻找获得新爱的机会，它们穿行在各个群体之间，保证了遗传基因多样性。

药子梁就发生过一场激烈的"角斗"。一天傍晚，在西面一处半山腰，一群有23只的羚牛出现在一片草地上，远远望去就像是一群散放在草场上的山羊。

此时，两只成年雄性羚牛开始在场中绕着圆圈，喘着粗气。突然，其中一只站在高处的羚牛向对方发起攻击，巨大的碰撞声远远都能听到。僵持的双方比起角力，突起的大眼怒视着对方。就在一时间难分高低时，两只角斗的雄性羚牛又各自退后，分了开来，一步、两步……双方大约退到十米远的距离后，再次迅速低下头，向对方撞去。这下，身体的重量变成取胜的关键，身体略显瘦小的一只，身体很快被对方撞斜，竟然失足落入悬崖身亡，胜利者发出吼叫声，这场决斗宣告结束。

　　一般来讲，雄性之间打斗不会置对方于死地，这次应该是例外。失败者一般会"挂彩"，有的会离开牛群四处游荡，如果它最终没能再加入牛群，那这种牛便极具攻击性，时常下山伤人、毁物。

独牛是群牛的影子，羚牛的群体大小不一，最少的有 2 ~ 3 只，多的可达近百只。集群以季节不同而有家族群、社群、聚集群三种形式。家族群是羚牛群的基本单位，一般在 10 只左右。成年的母羚牛是家族群的头牛，当羚牛群迁移时，它总是走在群体的前面。当群体取食时，它们总是站在高处不时向四周张望，负责警戒，一旦发现异常，即发出信号，带领群体转移。夜幕降临时，母羚牛便围成一圈，将幼体围在中间。社群是由 3 ~ 5 个家族群组成，在移动和休息时都在一起，各个家族相对集中。

羚牛每年6月底至7月初交配繁殖，妊娠期9个月，次年3月份产仔。每胎一仔，繁殖特征与家牛相似。

天敌少人祸大

秦岭的羚牛天敌少，数量比三十年前多了不少，有5000多头，人类反而成了它们最大的威胁，盗猎情况严重，它们对人的警觉性非常高。以前，羚牛看见人，不但不跑，还往人跟前来看人，挺有非洲动物的特色。

经过几年的天然林保护，森林恢复得好，林区干扰少了，因此羚牛的活动空

间大了，所以在单位面积上的分布密度就小了。

但是，现在的盗猎活动仍很严重，有人在经济利益的驱动下，使用残酷的手段盗猎。有的用电击，还有用钢丝套和铁夹等违法猎具盗猎。还有的用壕沟式陷阱，羚牛群从此通过掉入陷阱，被安在下边的刀具扎死。

许多宾馆饭店为牟取暴利，以卖野味来招揽生意。据说有一个县的多家饭店都有野味羚牛肉供应，当问到这些羚牛肉是从哪里来的，回答都是"国际狩猎"留下的。其实国家林业局从 2000 年以后就停止了羚牛的国际狩猎，那时开展的国际狩猎也是一个县一年只批 1 ~ 2 头。却有很多饭店供了 10 多年还在供应羚牛肉。

知识小天地

　　羚牛，别名扭角羚，俗名白羊，是亚洲的特有种。羚牛有四个亚种，分别是指名亚种、不丹亚种、四川亚种和秦岭亚种。其中四川亚种和秦岭亚种是中国特有亚种，而后者由于毛色为白色和金黄色而最漂亮，又称金毛扭角羚。由于羚牛在全世界分布狭窄、数量少，世界自然保护联盟（IUCN）将我国特有的两个亚种列入《红皮书》的珍稀级，中国也将其列为国家一级重点保护动物加以保护。

失而复得的野马

今天我们来认识一种曾一度在中国消失，如今又回到故乡安居的绝世野马。

它曾广泛分布于亚洲原野，是地球上唯一活着的野马，是唯一保留着6000万年基因的珍稀物种，是比大熊猫还珍稀的"活化石"，是所有家马的祖先。

它是以俄国人名命名的普尔热瓦尔斯基野马，简称普氏野马，而中国人喜欢叫它准噶尔野马或蒙古野马。

人类与现代马同是地质史上第四纪的产物，大多数学者认为，现今的家马是以欧洲和亚洲野马驯化和培育而成。

6000万年前，始祖马和狐狸一般大小。直到进入1000多万年前，马才从湿润的灌木林进入干燥的草原，四肢变长，体格增大，才有了今天的模样。普氏野马是目前唯一保留着6000万年基因的珍稀物种，它有66对染色体，比现在的家马多出一对，证明它们是现在家马的祖先。

天绝之路

1870年到1878年，俄国探险家普热瓦尔斯基率领探险队，先后3次进入我国新疆北部准噶尔盆地北塔山和甘肃、内蒙古交界的马鬃山一带，以及蒙古国的干旱荒漠草原地带，捕获、采集野马标本。1881年，沙俄学者波利亚科夫将这种野马正式定名为普尔热瓦尔斯基野马，简称"普氏野马"，他在《荒野的召唤》一书中写道："野马在靠近罗布泊的草原上大群地集聚着，它们异常警觉，一旦受到惊吓，好几天也不回来，有的甚至超过一两年。"普热瓦尔斯基这样描述："全身枣红色，尾巴黑色。"而在柴达木，至少有三处地方叫野马滩。

我国对野马的记载最早见于《穆天子传》，书中记载，西王母送周穆王"野马野牛四十，守犬七十，乃献食马"。

1877年后，中国有野马的消息，轰动了世界。俄国人、英国人、德国人先后闯入野马出没的地区进行捕猎，导致数量急剧下降。1890年，德国人一次就从准噶尔盆地捕捉了 52 匹野马幼驹，运抵德国时仅存活 28 匹。被外国人捕获的普氏野马，现今散布在世界 100 个动物园和禁猎区中。1945 年，柴达木盆地的戈壁滩上还有人见到过 9 匹野马。20 世纪 60 年代，蒙古国首先宣布野生野马灭绝，而作为普氏野马的故乡，中国到 20 世纪 70 年代末也宣布不见其踪。

1899 年运往欧洲的普氏野马

目前，普氏野马在世界上总量在 1500 多匹，主要靠人工饲养，数量比大熊猫还要稀少。

再次回归

1977 年，3 位荷兰人创立了普氏野马保护基金会，并开始在全世界购买这种马进行保护。我国在 1985 年从英、美、德等国引进 18 匹人工圈养的普氏野马，并在准噶尔盆地南缘、新疆吉木萨尔县建成占地 9000 亩全亚洲最大的野马饲养繁殖中心，野马故乡结束了无野马的历史。经过多年努力，中心成功繁殖了五代

野马，现有 517 匹野马。2001 年 8 月 29 日，首批 27 匹人工繁育的普氏野马成功重返新疆卡拉麦里自然保护区，随后几年共有 68 匹野马被放归野外。2010 年 9 月，7 匹普氏野马由甘肃濒危动物研究中心运抵敦煌西湖国家级自然保护区，重返大自然。这是继我国新疆放养后，首次在甘肃探索野马放归。普氏野马再次踏上重返"原生地"之旅。

2012 年 5 月，新疆野马繁殖研究中心代表中国首次向蒙古国赠送 4 匹普氏野马，这也是中国除大熊猫之外，第二个出口的重点野生动物。

工作人员将赠送给蒙古国的普氏野马引入转运箱

它的独特

有很多人在新疆、甘肃、青海、内蒙古等地声称发现野生普氏野马，后来经证实其实都是野驴。其实，普氏野马与野驴或家马的外形有很大不同，前者头部较大而短钝，脖颈短粗，肩高 1.1 米左右，外形远没有荷兰温血马、北非柏布马和新疆伊犁马高大。颈鬃短而直立，额部没有长毛，没有家马的腿长，小腿部颜色较深。

普氏野马的耳朵也比家马和野驴要小得多，但听力和嗅觉却很好，能听见的声波范畴要宽于人类，这利于它发现危险。

野马群分为家庭群和全雄群，前者担负着繁育、护幼责任，而后者一般是青年雄马或被淘汰的头马组成，群体内等级有高低之分。它们全年发情，但春夏季才是真正繁殖期，公马为争夺交配权厮杀，甚至有的被踢死或咬死。一个较合理的野马放归种群数在 12 匹左右，这样利于它们对付天敌、保护幼驹。普氏野马的野化放归，绝非一蹴而就的易事，仍有很长的路要走。

偷渡来陕的大狐蝠

蝙蝠，是白天憩息夜间觅食的哺乳动物，在中国传统文化中象征"福气"。它们的体形大小差异极大，翼展最小的猪鼻蝙蝠仅 15 厘米，最大的狐蝠达 1.5 米。一种超级蝠"乘"飞机跨越海洋，从数千公里外"偷渡"来陕西。据陕西省动物研究所研究员介绍，那是 1975 年 10 月 20 日，地点在西安市西郊老机场，一架从东南亚飞来的螺旋桨飞机，机场工作人员在跑道旁发现了一只奄奄一息的硕大的蝙蝠，便立即给动物所打去电话。研究员赶到现场，测量这只蝙蝠重 635 克、长 255 毫米、臂长 205 毫米、耳长 44 毫米、后足长 55 毫米，雌性。经过最终确认，这是一只原产于东南亚地区的马来大狐蝠，以果实为食。因此判断它应该是夜晚无意间挂在飞机的内部休息，却最终被带到数千公里远的西安来。这也是全国目前现存的最大狐蝠标本。

马来大狐蝠：世界上最大的一类蝙蝠，主要分布在马来西亚、印度尼西亚和泰国等国，它是重要的热带雨林授粉媒介。但研究人员调查了马来西亚地区 33 个马来大狐蝠栖息地，发现每年有约 22000 只马来大狐蝠通过合法手续被猎杀，而被非法猎杀的数字不得而知。以这种速度继续下去，该物种将在最短 6 年、最长 81 年内从地球上消失。

陕西"原住"蝙蝠家丁兴旺

论种类和数量，陕西蝙蝠都在全国名列前茅，全省共有 38 个种类，其中 32 种分布在秦岭和大巴山地区，体形为小到中形，最小的体重 10 到 20 克之间。

夜幕下的西安城，夏秋两季很容易见到蝙蝠，它们时常从路灯下快速飞过，捕食昆虫。随着城市的扩张，全省蝙蝠的数量也正在减少。西安市内目前常见的蝙蝠有鼠耳蝠、家蝠、普通伏翼等等，它们体形都不是很大，白天多居住在距离城市较近的古庙、老房子的屋顶，都以昆虫为食，对人类有益。

秦岭作为我国气候的南北分界线横穿陕西省，也导致陕西省亚热带、温带、

鼠耳蝠

家蝠

普通伏翼

寒带的蝙蝠种类都有，如亚热带的绯鼠耳蝠、寒温带的棕蝠、寒带的菊头蝠。通过研究，生活在秦岭、大巴山地区的32种蝙蝠都冬眠，与它们分布于亚热带的同类习性有所不同。而且最大的蝙蝠是卜氏蹄蝠，成年蝠体重500克左右，翼展约40厘米。而最小的扁颅蝠，体重仅有10克不到，它白天栖身在竹子的裂缝中。

因为蝙蝠属于翼手目动物，它飞行时与鸟类不同，是靠手臂上的翼膜，而翼膜非常轻薄，如果蝙蝠白天行动，炙热的阳光很快就会把翼膜晒干，它也就不能飞行了。最为神奇的是，蝙蝠产崽是倒吊着生产的，而且刚出生的幼崽，就能用爪子死死抓住妈妈的身体，而不会从空中掉下来，刚出生的几天，它还会和妈妈一起飞行，令人不可思议。另外，群居的蝙蝠妈妈，也是集体生产，小蝙蝠要吃两个月的乳汁，才能独自生活，在一大群幼崽当中，蝙蝠妈妈通过特殊的气味，能准确地分辨出哪个是自己的孩子。